Serpientes escurridizas

SERPIENTES CABEZA DE COBRE

GAIL TERP

Bolt es una publicación de Black Rabbit Books
P.O. Box 227, Mankato, Minnesota, 56002.
www.blackrabbitbooks.com

Marysa Storm, editora; Grant Gould, diseñador;
Omay Ayres, investigación fotográfica
Traducción de Travod, www.travod.com

Names: Terp, Gail, 1951- author.
Title: Serpientes cabeza de cobre / Gail Terp.
Other titles: Copperheads. Spanish
Description: Mankato : Black Rabbit Books, [2021] | Series: Bolt. Serpientes escurridizas | Includes index. | Audience: Grades 4-6 | Summary: "Diagrams, graphs, and fun text help readers explore the habitats, diets, and daily lives of copperheads"— Provided by publisher.
Identifiers: LCCN 2019054166 (print) | LCCN 2019054167 (ebook) | ISBN 9781623105198 (hardcover) | ISBN 9781644664674 (paperback) | ISBN 9781623105259 (ebook)
Subjects: LCSH: Copperhead—Juvenile literature.
Classification: LCC QL666.O69 T4718 2021 (print) | LCC QL666.O69 (ebook) | DDC 597.96/3—dc23

Image Credits

Age Fotostock: David M. Dennis, 15 (top); Mc Donald Wildlife Ph, 27; Alamy: Andrew DuBois, 8–9; Norman Tomalin, 12–13; Papilio, 15 (btm); bioweb.uwlax.edu: Bioweb, 3; herpsofnc.org: Snakes of North Carolina, 22; iStock: amwu, 10–11; Minden Pictures: Claus Meyer, 26; Pete Oxford, 15 (middle); Todd Pusser, 28; National Geographic Image Collection: Karine Aigner, 4–5; Newscom: James Carmichael Jr/NHPA/Photoshot, Cover; Science Source: ER Degginger, 18 (main); Joe McDonald, 6; Larry L. Miller, 32; Shutterstock: Dennis W Donohue, 22–23; Eric Isselee, 16–17, 18 (silhouettes), 24 (copperhead, mouse, bird), 31; IrinaK, 24 (snake); JIANG HONGYAN, 24 (insect); Jim Cumming, 24 (coyote); Joe Farah, 1; Le Do, 24 (hawk); srelherp.uga.edu: UGA, 20–21
Se ha hecho todo lo posible para establecer contacto con los titulares de los derechos del material que se reproduce en este libro. Los descuidos que se notifiquen al editor quedarán enmendados a partir de la siguiente tirada.

CONTENIDO

CAPÍTULO 1

Serpientes cabeza de cobre en ACCIÓN

Es de noche y está muy oscuro en el bosque. Una serpiente cabeza de cobre se esconde entre las hojas secas. Mueve su lengua bífida. Dentro y fuera, dentro y fuera. Si la **presa** está cerca, la lengua de la serpiente encontrará su olor. Los hoyos en la cabeza de la serpiente detectarán cualquier rastro de calor. ¿La presa está cerca? Aún no.

¡Ataca!

Un ratón corre hacia la serpiente cabeza de cobre. No sabe que la serpiente está allí. Pero la serpiente sabe bien que el ratón está ahí. Rápidamente, la serpiente cabeza de cobre ataca. Le clava los colmillos. El **veneno** fluye dentro del ratón. Una vez que el ratón esté muerto, la serpiente se lo come.

Fundida con el entorno

Las serpientes cabeza de cobre son astutas. Es fácil ver de dónde obtienen su nombre estas cazadoras **sigilosas**. Las cabezas de las serpientes son del color del cobre. Sus cuerpos pesados tienen piel café clara con franjas oscuras. Estos colores ayudan a las serpientes a fundirse con su entorno.

COMPARACIÓN DE LONGITUDES DE DIFERENTES SERPIENTES

anaconda verde

cascabel de los bosques

serpiente cabeza de cobre

serpiente café

pies

hasta 30 pies (9 metros)
3 a 5 pies (1 a 1,5 m)
2 a 3 pies (0,6 a 0,9 m)
a alrededor de 1 pie (0,2 a 0,3 m)
5
10
15
20
25
30

CARACTERÍSTICAS DE LA SERPIENTE CABEZA DE COBRE

FRANJAS OSCURAS

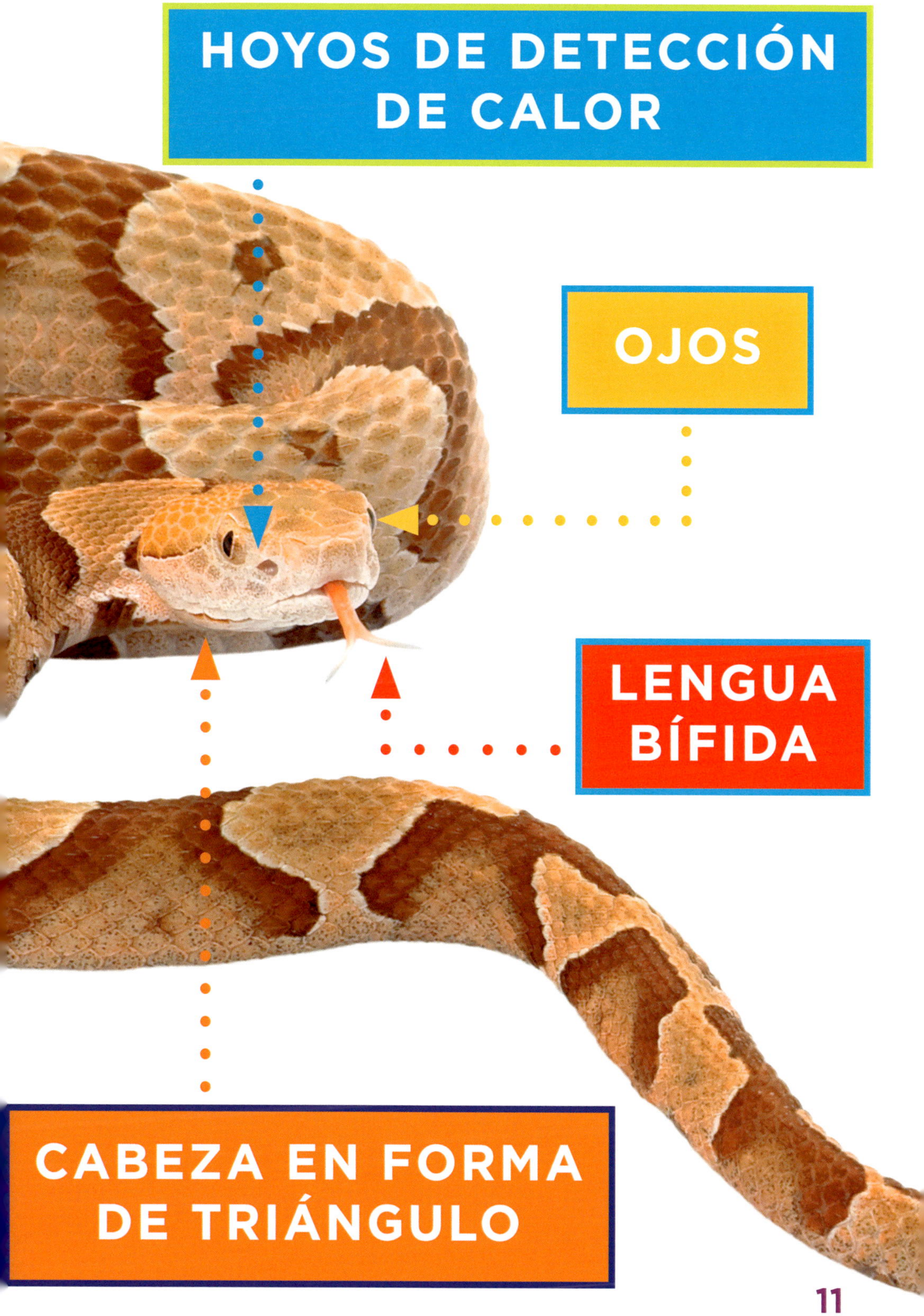

HOYOS DE DETECCIÓN DE CALOR

OJOS

LENGUA BÍFIDA

CABEZA EN FORMA DE TRIÁNGULO

Las serpientes cabeza de cobre son comunes en los Estados Unidos. La mayor cantidad de reportes de mordeduras de serpiente en el país corresponde a estas serpientes. Sin embargo, el veneno de la cabeza de cobre es bastante débil. Casi nunca mata a los humanos.

 CACERÍA y casas

Las cabeza de cobre cazan mediante emboscadas. Esperan a que la presa se acerque. Luego atacan. Ellas **inyectan** veneno con sus colmillos. Una vez que la presa está muerta, las serpientes se la tragan entera. Los insectos, los pájaros y los roedores, como los ratones, son presas comunes. Las cabeza de cobre también comen otras serpientes.

Donde las serpientes cabeza de cobre viven

Las serpientes cabeza de cobre se encuentran en partes de los Estados Unidos y México. Viven en bosques y pantanos. También se deslizan por colinas rocosas y desiertos. Algunas cabeza de cobre incluso viven cerca de los humanos. Comen roedores que viven cerca de casas y campos.

A medida que las cabeza de cobre crecen, les queda chica la piel. Las serpientes generan piel nueva debajo de la vieja. Luego se frotan contra algo duro. La piel vieja comienza a pelarse. Las serpientes se mueven para salir de la piel vieja.

BOSQUES
PANTANOS
COLINAS ROCOSAS

DONDE LAS SERPIENTES CABEZA DE COBRE VIVEN

Mapa del alconce de las serpientes cabeza de cobre

CABEZA DE COBRE ADULTA
CABEZA DE COBRE RECIÉN NACIDA
COMPARACIÓN DE TAMAÑOS
24 a 36 PULGADAS
(61 a 91 centímetros)
7 a 10 PULGADAS
(18 a 25 cm)

Vida

Las cabezas de cobre tienden a cazar solas, pero comparten sus espacios. Los machos y las hembras se **aparean** en primavera y otoño.

Algunas serpientes ponen huevos. Pero la cabeza de cobre hembra tiene óvulos que se convierten en crías dentro de ellas. Luego, las serpientes dan a luz a crías vivas. Las crías pueden cuidarse solos de inmediato. Tienen veneno y saben cómo usarlo.

La brumación

A fines del otoño, las cabezas de cobre generalmente se reúnen en **guaridas**. A menudo se les unen otros tipos de serpientes. Comparten con serpientes de cascabel y serpientes ratoneras. En las guaridas, las serpientes **bruman** hasta principios de la primavera. Descansan durante el frío invierno.

CUESTIÓN DE NÚMEROS

15 a 18 años

ESPERANZA DE VIDA

Aproximadamente 3 años

DE EDAD CUANDO LAS CABEZAS DE COBRE PUEDEN TENER CRÍAS

5
cantidad de subespecies
hasta 20
CANTIDAD DE CRÍAS QUE LAS HEMBRAS PUEDEN TENER POR VEZ

Cadena alimentaria de la cabeza de cobre

Esta cadena alimentaria muestra qué seres comen serpientes cabeza de cobre. También muestra lo que comen las serpientes cabeza de cobre.

OTRAS SERPIENTES

HALCONES

COYOTES

SERPIENTES CABEZA DE COBRE

CAPÍTULO 4

Parte de Su Mundo

Las cabezas de cobre se convierten en comida de muchos animales. Las aves, como los halcones, y otras serpientes se las comen. También son presa de algunos mamíferos, como los coyotes.

Los humanos también son una amenaza para las cabeza de cobre. La gente construye donde viven las cabeza de cobre. Las serpientes tienen menos terreno al que llamar su hogar.

Investigación médica

El veneno de cabeza de cobre es peligroso. Pero también puede ser útil. Algunas personas han estudiado el veneno. Tiene una **proteína** que ayuda a combatir el cáncer. Algún día, podría ayudar a retrasar o detener el crecimiento del cáncer.

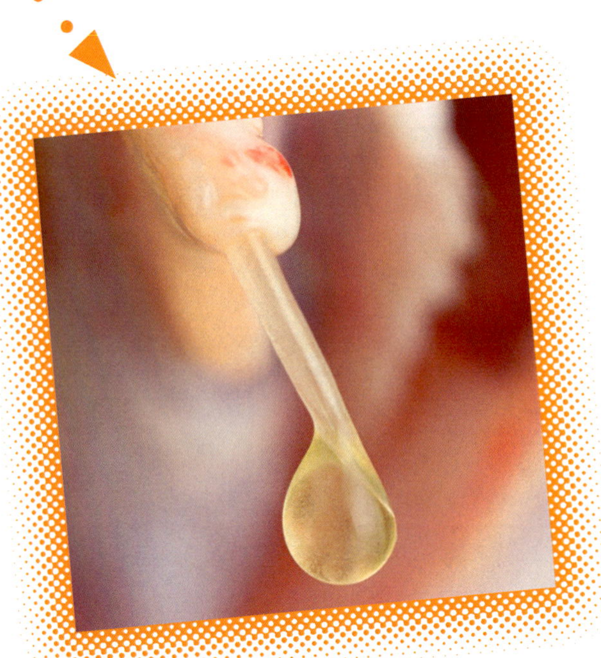

No hay problema si una serpiente cabeza de cobre pierde un colmillo. La serpiente tiene colmillos de repuesto en sus encías para reemplazarlo.

Un lugar seguro para vivir

Las serpientes cabeza de cobre no corren peligro de desaparecer. Pero, de todas formas, los humanos debemos respetarlas y protegerlas. Estas serpientes juegan papeles clave donde viven. Son comida para muchos animales. Mantienen bajo control las poblaciones de otros animales. Estas serpientes realmente cumplen un gran papel en su mundo.

Las cabeza de cobre están protegidas en varios estados de Estados Unidos como Missouri y Maryland. Es ilegal matarlas.

GLOSARIO

aparearse: unirse para producir cría

brumar: pasar el invierno descansando o sin moverse

encía: la carne que se encuentra en las raíces de los dientes

guarida: un hogar de algunos tipos de animales salvajes

Inyectar: forzar un líquido para que entre en algo

presa: un animal al que lo cazan o matan para comerlo

proteína: un material pequeño que se encuentra en sustancias vegetales o animales

sigiloso: silencioso y en secreto para evitar ser notado

subespecie: un grupo de individuos con características comunes y un nombre compartido más pequeño que una especie

veneno una sustancia hecha por animales que utilizan para matar o herir

ÍNDICE